超級神奇的身體

來勢洶洶的便便

段張取藝 著/繪

超級神奇的身體

求勢洶洶的便便

2022年10月01日初版第一刷發行

著、繪者　段張取藝
主　　編　陳其衍
美術編輯　黃郁琇
發 行 人　南部裕
發 行 所　台灣東販股份有限公司
　　　　　＜地址＞台北市南京東路4段130號2F-1
　　　　　＜電話＞(02)2577-8878
　　　　　＜傳真＞(02)2577-8896
　　　　　＜網址＞http://www.tohan.com.tw
郵撥帳號　1405049-4
法律顧問　蕭雄淋律師
總 經 銷　聯合發行股份有限公司
　　　　　＜電話＞(02)2917-8022

本書簡體書名為《超級麻煩的身體 來勢洶洶的便便》原書號：978-7-115-57459-6
經四川文智立心傳媒有限公司代理，由人民郵電出版社有限公司正式授權，同意經
由台灣東販股份有限公司在香港、澳門特別行政區、台灣地區、新加坡、馬來西亞
發行中文繁體字版本。非經書面同意，不得以任何形式任意重製、轉載。

我們為什麼要便便？

便便 **好麻煩！**

但我們每天都要拉便便，

想拉便便時怎麼說呢？

拉便便的各種說法

古今中外有關拉便便的說法千奇百怪，各不相同，而且趣味十足。

如廁

遺矢

傳官房

執褻（ㄒㄧㄝˋ）器

更衣

登東

用馬桶

去溷（ㄏㄨㄣˋ）軒

出恭

去五穀輪迴之所

去雪隱
（日本）

肚子疼

上大號

爆石

洗個手

行個方便

上大廁

去擺個堆

拉粑粑

去花一便士
（英國）

去下梳妝台
（法國）

去補個妝

要臭臭

各種各樣的拉便便

不是所有的地方都可以拉便便，但有時候我們會控制不住自己。

在盆裡

在家裡的馬桶

在泳池裡

在豪華酒店

在海邊

在老舊廁所

在公共澡堂

在花園

在跳傘的時候

在太空中

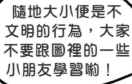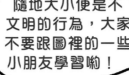
隨地大小便是不文明的行為，大家不要跟圖裡的一些小朋友學習喲！

!!

在飛機上

在玩跳馬遊戲的時候

在火山口

在餐桌旁

在醫院

在樹林裡

在懸崖上

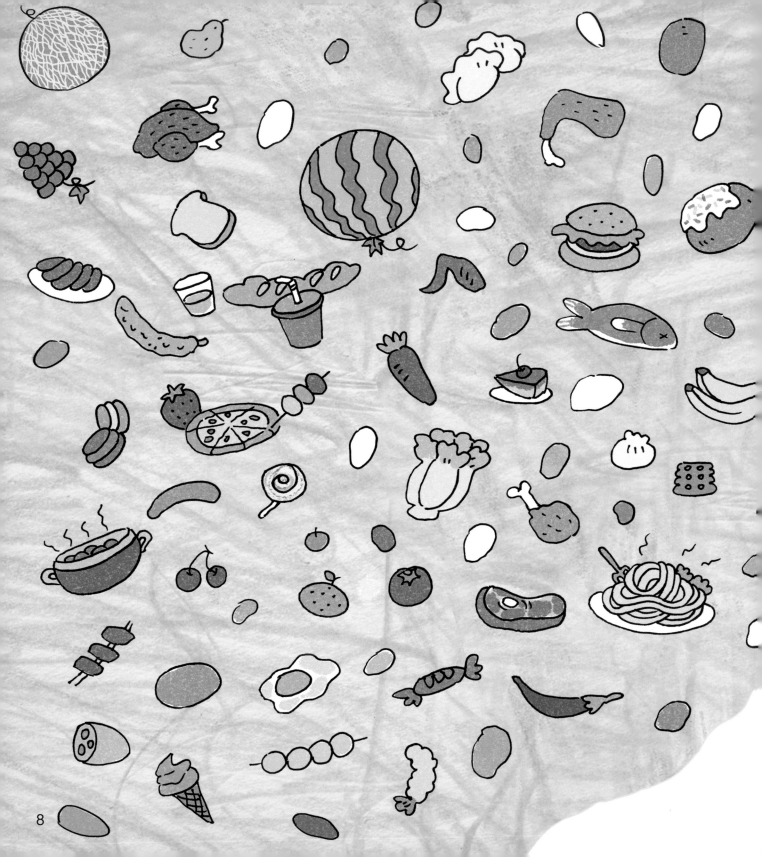

我們每個人都要拉便便，那便便又是怎麼來的呢？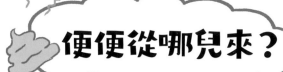

便便從哪兒來？

食道像一部電梯，負責把食物運送到胃裡。

然後

我們每天都會吃進去很多食物。

胃像一個發酵罐，將食物消化並吸收其中小部分的營養物質。

小腸緊跟在胃的後面，接著消化食物，吸收剩餘的大部分營養物質。

大腸負責收尾，吸收食物殘渣中的水分和電解質。

沒有被吸收的食物，就變成便便啦！接下來便便會一直待在直腸裡，等到足夠多的時候，就會提醒大腦放它們出去了。

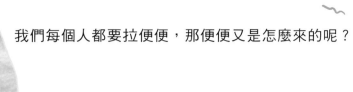

五顏六色的便便

有時候，我們吃進去的食物會在肚子裡給便便「染色」，我們就會拉出五顏六色的各色便便。

粉色便便
吃含有粉色色素的夾心餅乾，會拉出夢幻般的粉色便便。

橙色便便
吃大量的木瓜，會拉出橙色、充滿木瓜香氣的便便

白色便便
在服用一些抗生素或胃藥的時候，藥物會產生一些白色物質，把便便染白。

科學解答

孩子最容易好奇的
生理認知
小百科

8大
生理現象 × 300個
健康知識 × 20件
趣味遊戲

Q 打嗝一直打不停怎麼辦？

Q 為什麼吃完東西一定要刷牙？

Q 臭臭的便便又是怎麼來的？

每個孩子都對自己身體「創造的物質」感到好奇

該如何面對孩子層出不窮且難以解答的問題呢？

就讓《超級神奇的身體》循序漸進地為您一一解答吧！

以具系統性的科學方式，讓孩子正確認識自己的身體！

輕鬆養成愛護身體，保持良好衛生的好習慣！

綠色便便

吃大量菠菜、青花椰菜等富含葉綠素的蔬菜，會拉出綠色便便，不過這種綠色並不好看。

紅色便便

吃太多西瓜、番茄、紅心火龍果等紅色食物，會拉出水分很足的紅色便便。

顏色鮮豔的食物富含色素，色素在不能被完全消化的時候，就會給便便「染色」。

紫色便便

吃了過多甜菜根、紫甘藍、紫薯等紫色食物，便便也會變成紫色。

藍色便便

吃了大量藍莓、含有色素的藍色蛋糕會拉出藍色的便便。

黑色便便

鴨血、豬血等血液製品中富含鐵元素，它們在腸道裡和含硫物質結合，會讓便便變黑色。

我們能不能拉出彩虹便便？

實際上，胃和腸都有攪拌功能，所有食物的顏色都會混在一起！所以我們不太可能拉出彩虹色的便便。

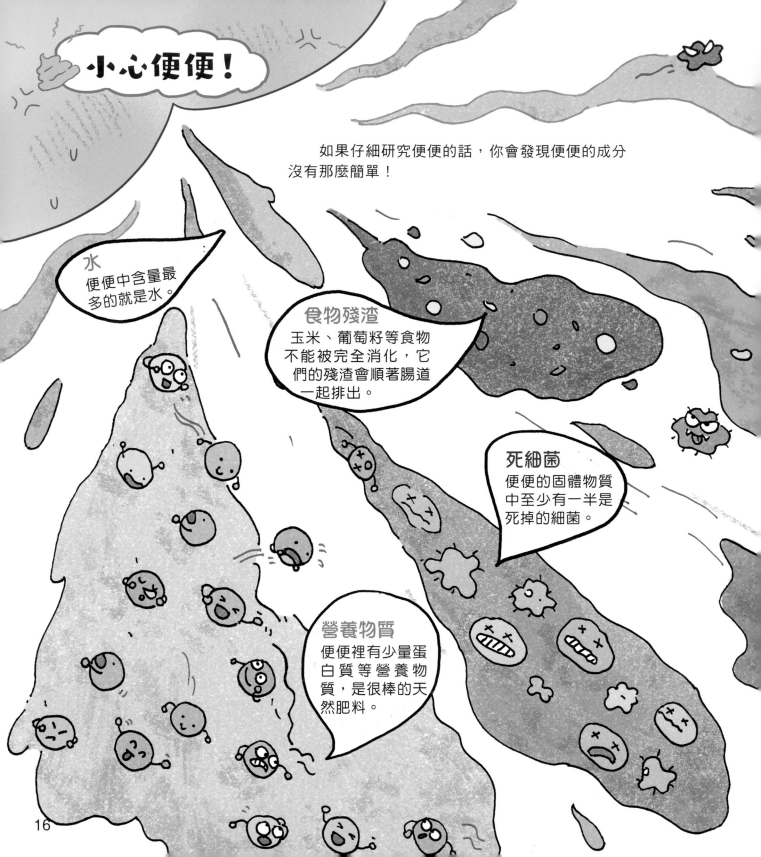

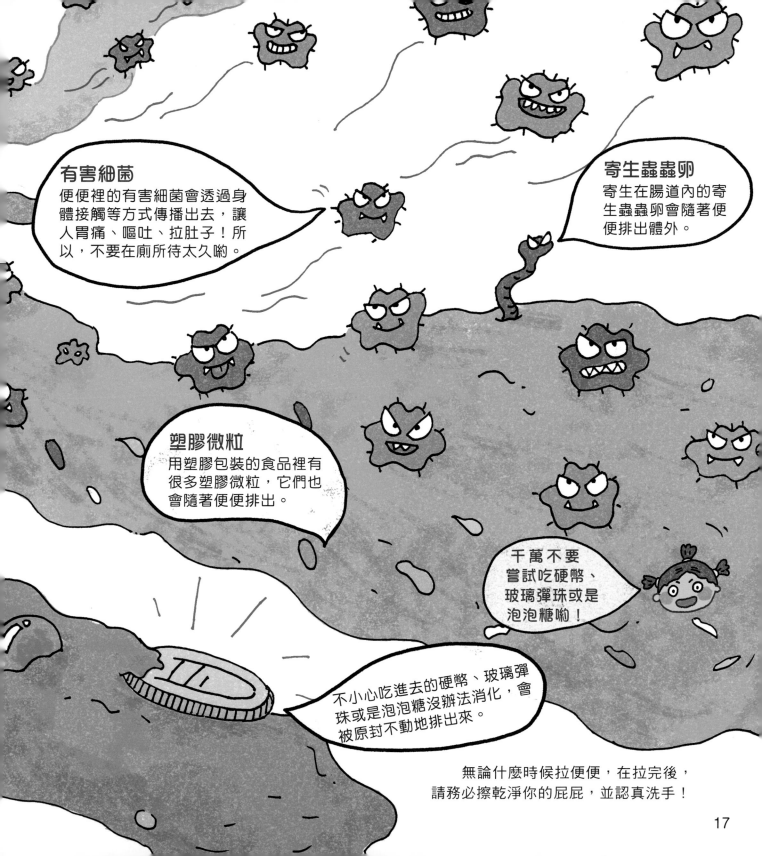

不請自來的便便

如果一天之內多次感到肚子疼，並且便便中攜帶了很多很多水，還會沾在屁股上，那就要小心了，這可不是普通的便便，而是凶猛的腹瀉！

腹瀉是指便便稀薄、水分增加、每天排便超過三次，並且經常伴有排便急迫感、肛門不適、控制不住排便等症狀。

吃了不乾淨的食物，導致病毒和細菌進了嘴巴。

吃飯不規律或吃得太飽、太油膩、太涼。

炎症性腸病、大腸激躁症等疾病，可能會讓腸道「罷工」，導致腹瀉。

傷寒感冒導致病毒入侵體內，腸道為了清理它們而頻繁排便。

為什麼腹瀉憋不住？
當病毒、細菌進入人體的時候，腸道會立刻啟動「防禦機制」，將體內的有害毒素排出去，減少它們對人體的傷害。

對牛奶、大豆、穀物、雞蛋和海鮮等食物過敏。

吃了青黴素等抗生素，可能因為藥物副作用而拉肚子。

受到驚嚇、過分緊張或神經敏感，大腦發出的指令就會混亂，這時腸道工作也會失控。

19

千呼萬喚「屎」出來

如果……

第一天、第二天，甚至直到第三天，你的便便才慢悠悠地鑽出來，乾硬、瘦小的便便撐開你的屁眼，卻總是不掉下來，那你也要注意了，這很可能是難纏的便祕！

遲緩性便祕

缺少運動、過度肥胖或是營養不良，導致腸道沒有力氣蠕動，便便沒辦法向前衝！

痙攣性便祕

受到驚嚇、刺激，或是壓力太大時，腸道可能會突然「抽筋」，便便就被堵住了。

習慣性便祕

上班和上學的人，每天都匆匆忙忙，有時候為了趕時間，就喜歡憋便便，時間一長就成了習慣性便祕。

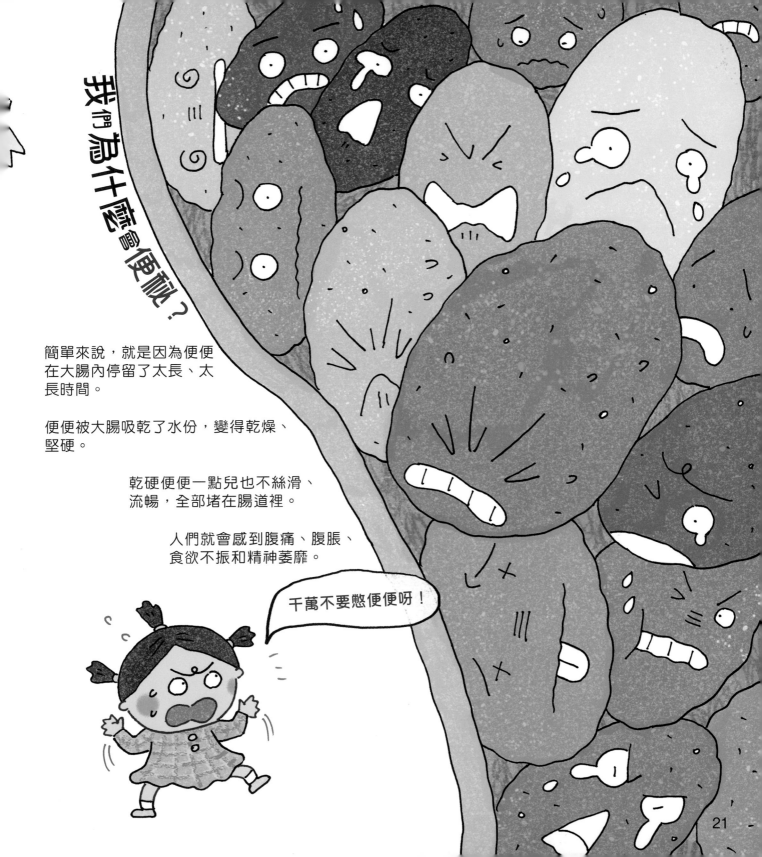

我們為什麼會便秘?

簡單來說，就是因為便便在大腸內停留了太長、太長時間。

便便被大腸吸乾了水份，變得乾燥、堅硬。

乾硬便便一點兒也不絲滑、流暢，全部堵在腸道裡。

人們就會感到腹痛、腹脹、食欲不振和精神萎靡。

千萬不要憋便便呀!

我能拉出多少便便？

世界上的每一個生物，體內都有一個「便便製造機」。既然吃東西就可以產生便便，那麼我們能製造多少便便呢？

一般來說，人一天的排便量是100～300克，一天1～2次。

  100~300g

亞洲人一天的排便量大約是125～300克。

   125~300g!

歐美人一天的排便量大約只有60～70克。

   60~70g

  *1000g!!!*

巴布亞紐幾內亞山地的一些少數民族，一天的排便量甚至能達到1000克。

飲食以蔬菜和纖維豐富的食物為主，便便的量一般會比較多。

飲食以肉和蛋白質豐富的食物為主，便便的量一般會比較少。

便便流浪記

地球上的人每天都在生產便便，這麼多便便都去哪兒了呢？

馬桶高速通道
馬桶的巨大衝力給便便提供了一條「高速通道」，這樣，便便能快速到達下一站。

暫住農村便便池
在農村，便便一般會被直接堆放在池子裡。

微微臭的沼氣
便便轉移到密封池子裡，形成沼氣，人們利用它做飯、發電。不過，沼氣在被使用的時候，會散發微微的臭氣。

流浪在外的便便
少量的便便會飄浮在空氣中，落在土地上，甚至是沾在人的手上。

優秀的肥料
便便是很好的肥料，不過一定要經過處理才可以使用喲！否則便便中的寄生蟲和病菌會危害人體健康。

24

一部震驚中外的「屎記」

太平洋中，有一座諾魯島。每年，大量鳥兒在這裡歇息並排下便便，慢慢堆積成了肥沃的鳥糞石，可以用於製作肥料。島上的居民依靠開採鳥糞石，過上了富裕的生活。

「屎」來運轉

7-8世紀的中國，出現了類似便便收集員的職業。他們定期清理城市裡的便便，拿到郊外賣作肥料，不少人還因此成為了富翁。

西元前6世紀，晉景公吃飯前感到肚子脹，於是前往廁所，不幸掉進了糞坑，成為了歷史上第一個被便便淹死的國君。

11世紀，中國宋代的兵書《武經總要》中有一種名為「糞炮罐法」的作戰方式，是把便便、硫黃等材料混合，製作出威力強大的炮彈。

今日要聞：**便便大翻身**

15世紀，歐洲人用便便混合泥土、稻草稈製成土磚，確保房子堅硬、穩固。

天「屎」降臨

16世紀的歐洲人習慣將便便直接倒在街上，導致街上的便便堆積成山，路人隨時可能被便便「襲擊」。據說，這是紳士攜帶雨傘、穿高跟鞋的原因。

19世紀，倫敦因為便便引發了一場巨大的災難。當時人們把便便倒進下水道，然而下水道靠近水井，糞便中的細菌因此進入水井，導致了大規模霍亂，人們死傷嚴重。

20世紀，便便讓美軍和日軍避免了一次戰爭。據說美軍發現日軍留下的便便數量非常大，他們以此判定對方人數很多，不敢輕易作戰。其實這是因為日本人多吃蔬菜穀物，比以吃肉為主的美國人的便便量多了近3倍。

「便」廢為寶

便便看病

兒童醫院裡，醫生們會要求嬰兒的媽媽帶上沾有便便的紙尿片，然後透過觀察上面的便便來更好地了解嬰兒的身體狀況。

便便肥料

市場上的一些美味蘑菇，是用糞便混合木屑、雜草等物質培育出來的。

便便公車

英國有一輛便便公車，它用收集到的便便和食物殘渣作為燃料。

便便除臭劑

蚯蚓的糞便顆粒經常被製成除臭劑，被養殖場、污水淨化廠用來吸除臭氣。

廁所大變身

幾千年前，人們便便時會挖一個坑解決，再用苔蘚、樹葉或石頭來擦屁屁。不過人多了以後，「天然廁所」裡很容易「踩雷」。

在漢代，人們把廁所建在豬圈上，叫做溷，並使用薄薄的竹片或木片來擦拭屁屁。

同時期的古羅馬修建了能容納幾十人一起便便的公共廁所。他們把一根插在鹽水裡的海綿棒當作「公共廁紙」。

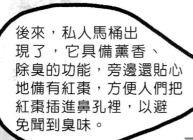

後來，私人馬桶出現了，它具備薰香、除臭的功能，旁邊還貼心地備有紅棗，方便人們把紅棗插進鼻孔裡，以避免聞到臭味。

英國國王亨利八世擁有一個黑天鵝絨表面、鑲嵌著2000顆金釘的馬桶。

法國國王路易十四甚至會坐在馬桶上接見大臣，他還在馬桶上宣布了自己的婚事。

1596年，英國出現了世界上第一個現代沖水馬桶，沖便便的時候更方便、更乾淨了！

現在，不少馬桶能夠自動調節馬桶座墊的溫度、釋放香薰，甚至還能放出舒服的溫水來沖洗屁屁。

隨著科技的發展，廁所的環境變得越來越乾淨。這說明人類為了防止細菌滋生，越來越重視廁所的衛生條件了。現在，無論是在學校，還是在公園，我們都可以很方便地找到廁所，然後輕鬆舒適地拉便便了！

31

小遊戲

上課的時候突然想要拉便便，可老師還在講課，同學們也聽得十分認真，這時你該怎麼辦呢？

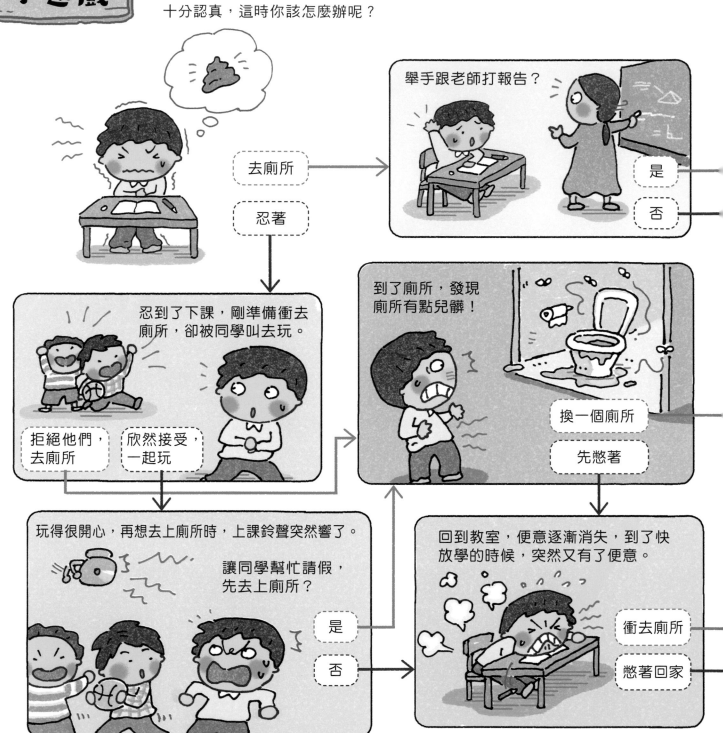

去廁所

忍著

舉手跟老師打報告？

是

否

忍到了下課，剛準備衝去廁所，卻被同學叫去玩。

拒絕他們，去廁所

欣然接受，一起玩

到了廁所，發現廁所有點兒髒！

換一個廁所

先憋著

玩得很開心，再想去上廁所時，上課鈴聲突然響了。

讓同學幫忙請假，先去上廁所？

是

否

回到教室，便意逐漸消失，到了快放學的時候，突然又有了便意。

衝去廁所

憋著回家

33

作者介紹

成立於2011年，扎根童書領域多年，致力於用優秀的專業能力和豐富的想像力打造精品圖書，已出版300多本少兒圖書。主要作品有《逗逗鎮的成語故事》、《古代人的一天》、《西遊漫遊記》、《拼音真好玩》、《文言文太容易啦》等系列圖書，版權輸出至多個國家和地區。其中，《皇帝的一天》入選「中國小學生分級閱讀書目」（2020年版），《森林裡的小火車》入選中國圖書評論學會「2015中國好書」。

主創團隊

段穎婷

張卓明

陳依雪

韋秀燕

肖　嘯

王　黎

審讀

張緒文　義大利特倫托大學生物醫學博士

朱思瑩　首都醫科大學附屬北京友誼醫院消化內科醫師

李　鑫　首都醫科大學附屬北京天壇醫院消化內科副主任醫師